María Del Rosario Vázquez Pérez

As tiras de cuisenaire

María Del Rosario Vázquez Pérez

As tiras de cuisenaire

Uma estratégia para o ensino da matemática na educação pré-escolar

ScienciaScripts

Imprint
Any brand names and product names mentioned in this book are subject to trademark, brand or patent protection and are trademarks or registered trademarks of their respective holders. The use of brand names, product names, common names, trade names, product descriptions etc. even without a particular marking in this work is in no way to be construed to mean that such names may be regarded as unrestricted in respect of trademark and brand protection legislation and could thus be used by anyone.

Cover image: www.ingimage.com

This book is a translation from the original published under ISBN 978-613-9-43488-6.

Publisher:
Sciencia Scripts
is a trademark of
Dodo Books Indian Ocean Ltd. and OmniScriptum S.R.L publishing group

120 High Road, East Finchley, London, N2 9ED, United Kingdom
Str. Armeneasca 28/1, office 1, Chisinau MD-2012, Republic of Moldova, Europe
Managing Directors: Ieva Konstantinova, Victoria Ursu
info@omniscriptum.com

Printed at: see last page
ISBN: 978-620-8-40910-4

AS RÉGUAS DE CUISENAIRE; UMA ESTRATÉGIA PARA O ENSINO DA MATEMÁTICA NA EDUCAÇÃO PRÉ-ESCOLAR

MARIA DEL ROSARIO VAZQUEZ PEREZ

INTRODUÇÃO

Como resultado dos processos de desenvolvimento e das experiências que as crianças têm ao interagir com o seu meio, desenvolvem noções numéricas, espaciais e temporais que lhes permitem avançar na construção de noções matemáticas mais complexas. Desde muito cedo e de acordo com os estímulos que recebem, conseguem estabelecer relações de equivalência, igualdade e desigualdade (mais, menos ou igual quantidade); apercebem-se que "somar faz mais" e "tirar faz menos", e distinguem entre objectos grandes e pequenos.

O ambiente natural, social e cultural em que as crianças se desenvolvem proporciona-lhes experiências que as levam espontaneamente a realizar actividades de contagem, que são um instrumento básico do pensamento matemático. Nas suas brincadeiras ou noutras actividades, elas separam objectos, distribuem doces ou brinquedos; ao realizarem estas acções, e embora não tenham consciência disso, começam a pôr em prática, de forma implícita e incipiente, os princípios da contagem: correspondência um a um, ordem estável, cardinalidade, irrelevância da ordem e abstração.

Durante a educação pré-escolar, as actividades através do jogo e da resolução de problemas contribuem para a utilização dos princípios de contagem (abstração numérica) e das competências de contagem (início do raciocínio numérico), para que as crianças construam gradualmente o conceito e o significado de número (pep 2011).

A diversidade de situações propostas aos alunos torna-os cada vez mais capazes, por exemplo, de contar os elementos de uma matriz ou de uma coleção e de representar de alguma forma o número de elementos (abstração numérica); serão capazes de inferir que o valor numérico de um conjunto de objectos não se altera apenas pela dispersão dos objectos, mas muda - aumenta ou diminui de valor - quando um ou mais elementos são acrescentados ou retirados do conjunto ou da coleção. Assim, as capacidades de abstração ajudam-nos a estabelecer valores e o raciocínio numérico permite-lhes fazer inferências sobre os valores numéricos estabelecidos e operar com eles.

No pré-escolar, temos a obrigação, enquanto professores, de procurar e criar estratégias diferentes para levar as crianças a desenvolverem o pensamento lógico matemático; como educadora, descobri na utilização das réguas Cuisenaire um método que nos permite estabelecer relações numéricas de forma geométrica, pelo que essas relações serão muito mais visuais e manipuláveis para as crianças.

PORQUÊ UTILIZAR TIRAS NUMÉRICAS NA APRENDIZAGEM DA MATEMÁTICA NO PRÉ-ESCOLAR?

Com as tiras de números, a matemática atinge um nível sensorial extraordinário. As experiências devem ser proporcionadas de forma a ativar o maior número possível de sentidos, e isso é algo que se consegue com este material, tornando uma área muito abstrata como a matemática em algo concreto que a criança pode manipular e visualizar de forma clara, respeitando e facilitando o seu processo de abstração.

É importante criar actividades desafiantes em que as crianças façam as suas próprias descobertas e gerem as suas próprias hipóteses e respostas com base na sua manipulação e investigação. Não devemos cometer o erro de começar pelo fim e apresentar os conceitos matemáticos diretamente com as réguas, mas deixar que as próprias crianças cheguem a essas conclusões através do seu próprio trabalho e encorajadas por algumas questões-chave que lhes podemos colocar para as guiar nas suas descobertas.

No âmbito da prática pedagógica e da abordagem de actividades desafiantes, surge a seguinte questão: que importância damos nós, professores, à utilização de réguas de cuisenaire como material didático eficaz no ensino da matemática na educação pré-escolar?

A nível pré-escolar, o objetivo é contribuir para a transformação das práticas educativas na sala de aula, para que as crianças tenham oportunidades de aprendizagem interessantes e desafiantes em todos os momentos, que promovam a realização de aprendizagens fundamentais, sempre com base nos conhecimentos e competências que já possuem.

Enquanto educadora, avançar para este objetivo tem sido um processo de aprendizagem que implica experimentar formas inovadoras de trabalhar com os alunos, cometer erros, refletir, avaliar, tentar de novo e descobrir, nestas tentativas de mudança, que as crianças têm múltiplas capacidades e que é possível propor actividades que as trazem à superfície e que lhes exigem um desafio cognitivo.

Promover a aquisição de conhecimentos em situações e contextos diversificados tem a ver com os processos de aprendizagem que possibilito enquanto educador com as actividades que proponho e através da intervenção pedagógica.

Este artigo tem como objetivo recuperar evidências e expressar a minha experiência em práticas educativas, que me permitem fazer um julgamento sobre a utilidade e o impacto das réguas de Cuisenaire como ferramentas que reforçam os processos de ensino da matemática em alunos do pré-escolar, e também reiterar que a utilização de réguas como ferramentas didácticas no ensino da matemática é uma forma favorável de desenvolver competências de lógica matemática em crianças do pré-escolar.

ANTECEDENTES TEÓRICOS

Uma questão sugerida por Irma Fuenlabrada que pode orientar o debate é: será que as crianças, ao transitarem pela educação pré-escolar, estão a ter a possibilidade de desenvolver aprendizagens relacionadas com o conhecimento do número?

Uma forma de saber é se, perante várias situações ou problemas, as crianças têm oportunidade de realizar as seguintes acções ligadas ao raciocínio:

a) . Procurar uma solução para a situação; isto é, se mostrarem uma atitude de segurança e certeza como sujeitos pensantes que são.

b) . Compreender o significado dos dados numéricos no contexto do problema, ou seja, mostrar o seu raciocínio matemático.

c) . Escolher, de entre os conhecimentos que aprenderam (números, sua representação, contagem, relações aditivas, etc.), aquele que podem utilizar para resolver a situação.

d) . Utilizar estes conhecimentos de forma fluente para resolver (competências e capacidades) a situação em causa.

irma fuenlabrada sugere que façamos uma pequena exploração no grupo e se verificarmos que, quando damos aos alunos um problema que envolve somar, juntar, tirar, igualar, comparar e distribuir objectos, as crianças esperam pelas indicações para prosseguir, devemos fazer a seguinte avaliação:

- Se as crianças estiverem no primeiro ano do pré-escolar, não há problema, ainda temos mais dois anos para desenvolver a aprendizagem, não só do conhecimento numérico, mas também de como agir perante o que não sabem, mas sem perder de vista que para o conseguir é essencial permitir sistematicamente que as crianças utilizem os seus próprios recursos para encontrar formas de resolver as várias situações matemáticas que lhes são propostas.

O objetivo do nível pré-escolar é que os professores promovam o desenvolvimento da aprendizagem nos seus alunos, alguns dos objectivos do nível pré-escolar são

1. Utilizar o raciocínio matemático numa variedade de situações que exijam a utilização da contagem e dos primeiros números.

2. Compreender as relações entre os dados de um problema e utilizar os seus próprios procedimentos para o resolver.

Trabalhar com tiras de régua ajuda a desenvolver o raciocínio matemático, gera agilidade mental, contribui para a formulação e resolução de problemas que envolvem adicionar, juntar, tirar, igualar, comparar e distribuir objectos, e permite compreender as quatro operações básicas (adição, subtração, multiplicação e divisão no nível primário).

O desenvolvimento das capacidades de raciocínio nos alunos do pré-escolar é fomentado quando estes realizam acções que lhes permitem compreender um problema, refletir sobre o que se procura, estimar possíveis resultados, procurar diferentes formas de o resolver, comparar resultados, expressar ideias e explicações e confrontá-las com os seus pares. isto não significa apressar a aprendizagem formal da matemática, mas sim fomentar as formas de pensamento matemático que as crianças possuem no sentido da concretização das competências que são a base de conhecimentos mais avançados que irão construir ao longo da sua escolaridade. (pep 2011).

No nível pré-escolar, são trabalhadas várias fases na ação das crianças com as réguas cuisenaire, nomeadamente:

1. Jogos espontâneos, em que os alunos manipulam livremente o material, sem a intervenção dos adultos;

2. Pesquisa empírica: nesta fase, as crianças desenvolvem a sua atividade com uma determinada intenção, como a construção de comboios, a decomposição de tiras, os pares (comparação de tamanhos),

3. Sistematização e domínio das estruturas: através da experiência, a criança familiariza-se com as possibilidades das tiras e conhece os seus aspectos estruturais, libertando-se progressivamente do material e sendo capaz de criar factos matemáticos por si própria: adicionar, juntar, retirar, igualar, comparar e distribuir objectos.

A ideia de começar com o jogo livre é que comecem a reconhecer as réguas através da manipulação e da exploração, considerando que é através da ação que a criança constrói a matemática; partindo do conhecimento do próprio aluno.

Sobretudo no pré-escolar, é importante que a criança visualize, brinque com as tiras e utilize a sua imaginação para construir com elas.

No pré-escolar, as crianças podem trabalhar operações como a adição, a subtração, a multiplicação e a divisão, mas de forma empírica (o que em linguagem pré-escolar significa somar, subtrair, igualar, juntar, comparar e dividir), na medida em que o professor orienta e acompanha o trabalho com réguas sem nomear cada operação, ("reforçar o pensamento numérico através das réguas de cuisenaire").

É importante que as actividades sejam apresentadas à criança de forma a que ela chegue aos conceitos através da descoberta e que não sejamos nós a dar-lhe a solução antes de iniciar o desafio.

Considero válido introduzir os alunos ao material quando não o conhecem, deixá-los explorá-lo, identificarem a forma, o tamanho, a cor e descobrirem livremente como o utilizar, para que, de acordo com as actividades com intencionalidade educativa, o possam manusear e desenvolver a aprendizagem matemática.

ACTIVIDADES COM AS RÉGUAS DE CUISENAIRE AO NÍVEL PRÉ-ESCOLAR

1. jogo livre.

Com o tempo e a utilização constante das tiras numéricas, a criança interioriza o valor numérico de cada uma delas e estabelece relações entre as diferentes peças e, embora não saiba que está a efetuar operações matemáticas, aplica relações de equivalência e de quantidade e põe em prática o raciocínio lógico para resolver situações que exigem que adicione, retire ou iguale quantidades.

Recomenda-se, como para todos os materiais utilizados pela

primeira vez, que deixemos as crianças brincarem livremente com as réguas durante várias sessões, para que se familiarizem com o material.

2. Tiras de seleção

Coloque as tiras em cima da mesa e peça aos alunos para juntarem "as que combinam" sem lhes dar a resposta de o fazerem por cor e tamanho, deixando que sejam eles a fazer este raciocínio e o conceito de CLASSIFICAÇÃO.

3. Descobrir a tomada eléctrica

Os alunos pegam em três tiras, por exemplo, vermelha, verde e amarela, escondem-nas nas mãos e colocam-nas atrás das costas, a professora pede-lhes que lhe mostrem uma tira, nomeando-a por cor, por exemplo: "mostra-me a tira vermelha", depois voltam a colocá-la juntamente com as outras três, escondem-nas e pedem-lhe outra cor, apenas pelo toque têm de identificar a tira que lhes é pedida, associando assim um comprimento a cada cor.

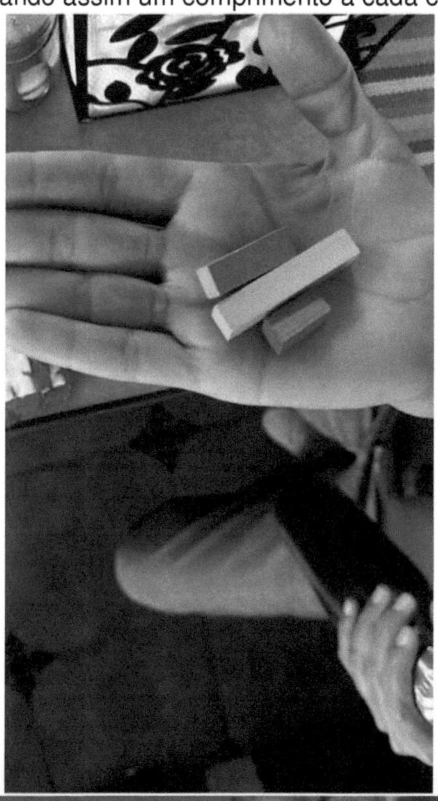

4. Escadas do mais pequeno para o maior (ordem crescente) e do maior para o mais pequeno (ordem decrescente)

Cada criança recebe 1 tira de cada cor e é instruída a formá-las da tira branca para a tira laranja de forma livre, com o objetivo de identificar a sequência lógica de tamanho e, se houver algum erro, raciocinar e conseguir resolvê-lo. Depois de resolverem a escada por ordem crescente, são instruídos a fazê-lo por ordem decrescente.

5. Pirâmide

As crianças recebem 2 tiras de cada cor por criança e são instruídas a formar primeiro uma escada, partindo da tira branca para a tira cor de laranja, por ordem ascendente, para depois, quando terminarem, fazerem uma escada partindo da tira cor de laranja e terminando na tira branca, por ordem descendente. Refira estes conceitos para que as crianças os possam apropriar.

6. Descobrir qual deles está a faltar

Devido à complexidade da atividade, esta será realizada individualmente, de modo a que o grupo seja o espetador do participante.

Uma vez terminado, peça à criança para fechar os olhos e retirar uma das tiras, junte todas as tiras de modo a que não seja óbvio de onde a retirámos e peça-lhe para abrir os olhos e descobrir qual a tira que falta, dê-lhe tempo para observar e descobrir sozinha, se necessário, pode pedir o apoio de um colega.

Variação: Para as crianças de 4 anos, podemos mostrar-lhes o bloco elétrico que retirámos para que só descubram o lugar que ocupa nas escadas, à medida que se familiarizam com a proposta, sem que saibam que bloco elétrico foi retirado.

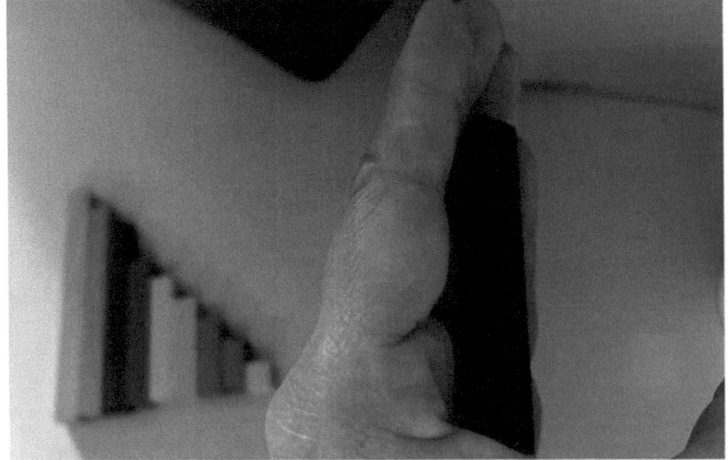

7. Estabelecer relações numéricas entre eles

Faça duas escadas verticais, uma crescente e outra decrescente, viradas uma para a outra. Peça-lhes para as juntarem de modo a formarem um quadrado com as duas escadas, sem quaisquer peças extra ou espaços vazios.

Uma vez concluída a tarefa, refletir sobre o que foi observado:

*O padrão geométrico repete-se em sentido inverso.

*A tira que se repete (o 5) é a que marca esta mudança de padrão.

*Todos os pares de tiras dão um valor de 10

8. jogo de cinquillo

Neste jogo, as crianças vão trabalhar com a série de números de 1 a 10 nas direcções ascendente e descendente.

Vamos jogar em grupo com uma equipa de 4 jogadores e são necessárias 40 tiras (quatro de cada cor), todas as tiras são distribuídas arbitrariamente pelas quatro crianças, o primeiro jogador coloca uma tira amarela no centro da mesa, se não tiver uma, é a vez do jogador seguinte.

uma vez colocada a tira amarela, o jogador seguinte deve colocar uma tira cor-de-rosa ou uma tira verde-clara para construir uma escada a partir da tira amarela. se não tiver uma, pode colocar outra tira amarela noutra zona da mesa para construir outra escada. se também não tiver uma tira amarela, passa a vez sem colocar nenhuma tira.

O jogador seguinte tem de colocar um carril imediatamente acima ou abaixo dos carris das extremidades do comboio ou iniciar uma nova escada com o carril amarelo; o primeiro jogador a ficar sem carris ganha.

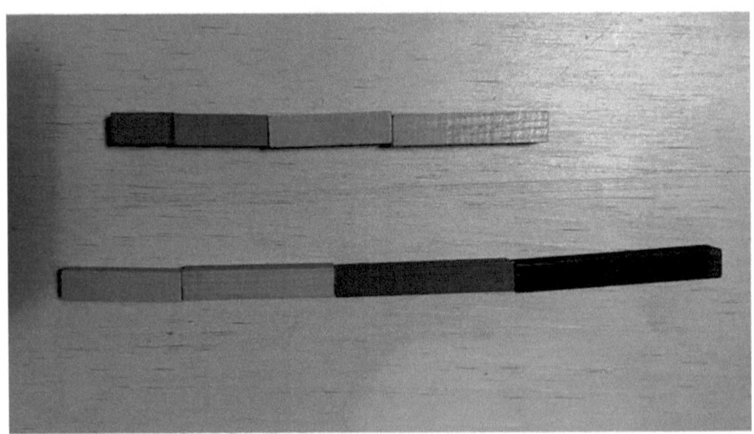

9. Estabelecer equivalências com base na unidade

É a nossa vez de adivinhar a quantos quadrados da unidade corresponde cada tira.

Podemos usar a seguinte questão para a criança resolver, Quantas tiras brancas cabem na tira: laranja, azul, verde ou rosa, com a intenção de chegar ao raciocínio do que significa equivalência, que nada mais é do que a igualdade no valor, neste caso, das tiras.

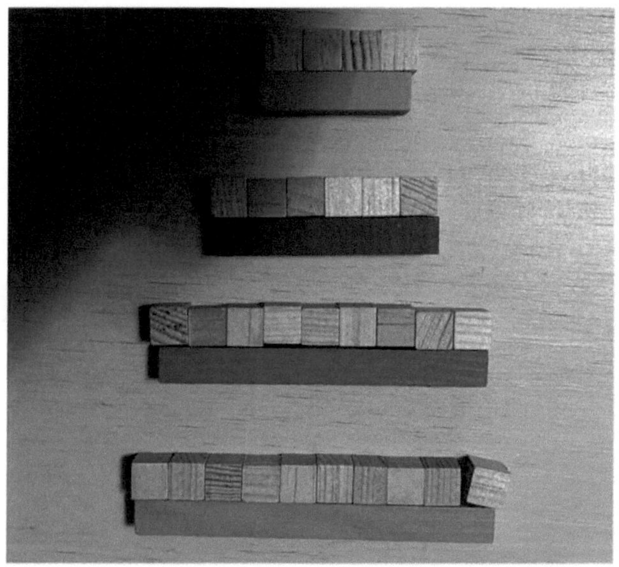

*Depois de trabalhar com as tiras brancas, encontrar a equivalência com as outras tiras, verificar que cada tira é mais uma do que a tira seguinte: vermelho é branco mais uma, verde é vermelho mais uma, amarelo é cor-de-rosa mais uma ....

*Esta atividade pode ser feita com qualquer outro número, não apenas com 10: quantas cordas são equivalentes a 5, 6, ..., mas dado que o nosso sistema numérico é decimal, é conveniente trabalhar muito com mudanças em 10.

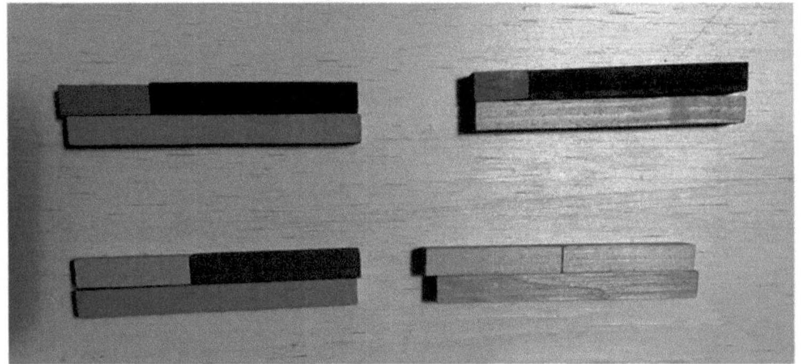

*Fazer equivalências utilizando 3 ou mais blocos eléctricos, por exemplo, quais são os blocos eléctricos amarelo, preto e verde?

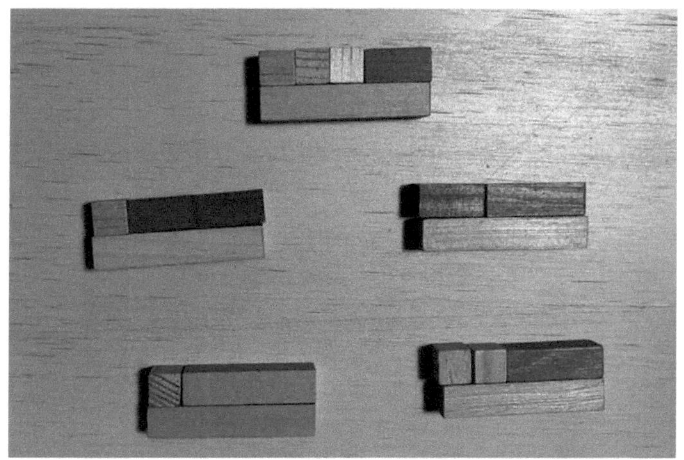

*Fazer cubos: com tiras da mesma cor, ou misturando-as, dê a cada equipa uma mão cheia de tiras de amarelo a branco e peça-lhes para fazerem um cubo com todas as tiras que têm.

*Jogo de troca de tiras entre dois jogadores, dar uma mão cheia de tiras a cada jogador e deixá-los trocar entre eles, é importante que as trocas sejam sempre equivalentes, por exemplo, trocar uma de 7 por uma de 2 e outra de 5.

Jogar a cobra colorida: depois de colocar uma mão cheia de tiras em fila, fazendo pequenos caminhos, cobras, figuras, vamos calcular quantas são, para isso colocam-se todas em fila, 1 tira cor de laranja (10) é colocada em paralelo, que será a base para formar outras cobras, mas podemos partir de outra de valor inferior e ir aumentando até chegar a 20 por exemplo, utilizando 2 tiras cor de laranja como base.

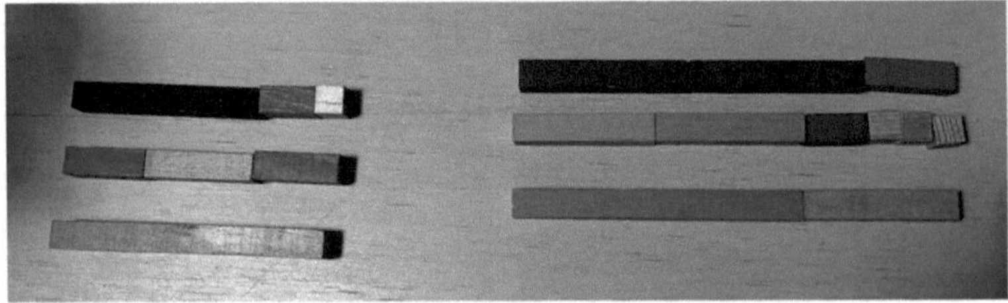

10.Tiras de captura

O jogo é jogado entre duas crianças ou duas equipas sentadas frente a frente, cada equipa tem à sua frente, colocadas em fila, uma tira de cada cor por ordem da mais alta para a mais baixa, o dado é lançado à vez e, de acordo com a numeração, a tira ou as tiras são retiradas à equipa adversária, sendo o vencedor aquele que capturar todas as tiras da equipa adversária.

Os alunos podem jogar com as primeiras seis tiras e com apenas um dado, e o número pode ser aumentado até serem utilizados dois dados.

11. Bingo com tiras

Cada criança recebe um quadro com as cores de algumas tiras e recebe fichas para que, à medida que os números de 1 a 10 são mencionados, as crianças associem a cor à tira correspondente. Por exemplo: cinco, e quem tiver uma cor amarela no seu quadro recebe uma ficha.

Ganha quem completar primeiro o seu tabuleiro.

12. Equilíbrio das tiras

O grupo pode ser dividido em duas equipas, uma caixa de tiras é colocada no centro e neste jogo é utilizado um dado numérico, o primeiro jogador lança o dado e de acordo com o número que cair a equipa coloca a tira correspondente à sua frente, é a vez da equipa adversária fazer a mesma ação, e assim cada membro continua a participar até formar uma torre. Ganha a equipa que conseguir fazer a sua torre mais alta ou mantê-la em equilíbrio.

13. Comparação de números: maior que / menor que, igual a

A comparação dos números é extremamente visual com as tiras, basta fazer zoom entre elas e comparar os seus tamanhos.

Nesta atividade, vamos utilizar os sinais de maior, menor e igual, para que as crianças se familiarizem com eles e adquiram o raciocínio de desigualdade e igualdade.

14. Resolver problemas de adição (adição)

Para resolver problemas de adição, colocamos as tiras uma ao lado da outra e por baixo colocamos o resultado.

Nota: A imagem com os sinais + e - serve apenas de referência, uma vez que não são utilizados no ensino pré-escolar.

Também seremos capazes de resolver problemas com mais de dois dígitos e com as cadeias correspondentes para representar o resultado.

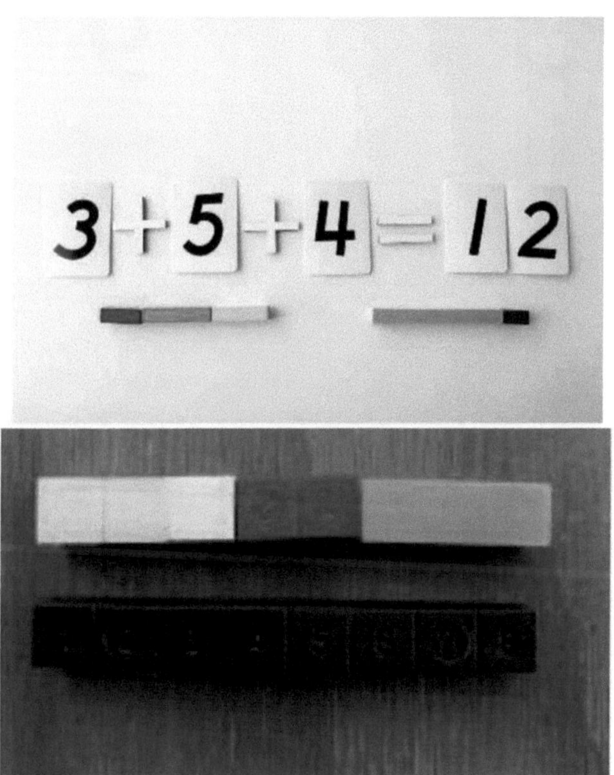

15. A extensão eléctrica escondida

Podemos jogar para descobrir qual é a régua que corresponde ao espaço vazio e que, quando unida à régua que aparece, dá o resultado que se obtém no final.

16. Composição e decomposição de conjuntos

Este jogo consiste em resolver problemas que envolvem a adição, podemos jogar para ver quantos conjuntos de tiras podemos construir que nos dão o mesmo resultado (equivalência), desta forma também estaremos a trabalhar a composição de números e números complementares.

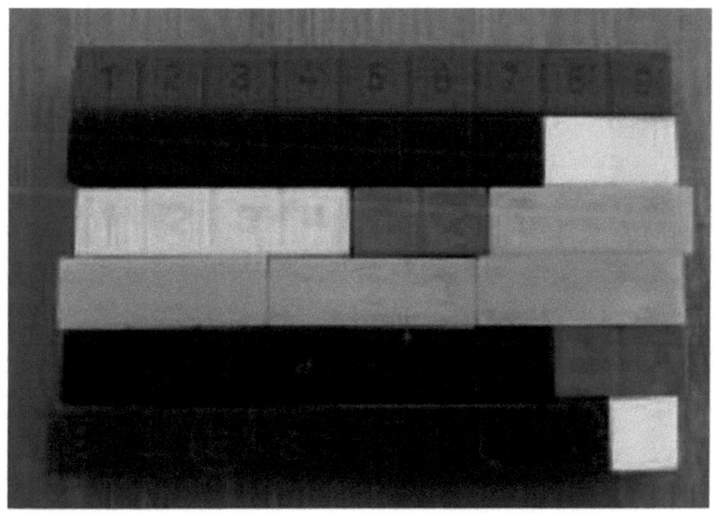

17. Propriedade comutativa dos conjuntos (mudar a ordem)

Com as tiras podemos ver muito visualmente que, independentemente da ordem em que as tiras são colocadas, o resultado será sempre o mesmo.

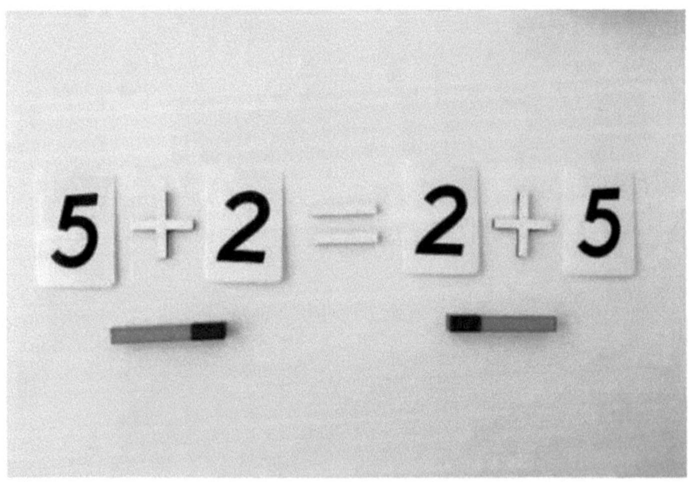

5 + 2 = 2 + 5

4
4

18. Propriedade associativa dos conjuntos

Quando juntamos mais de duas tiras, podemos associá-las da forma que quisermos, o resultado não se altera.

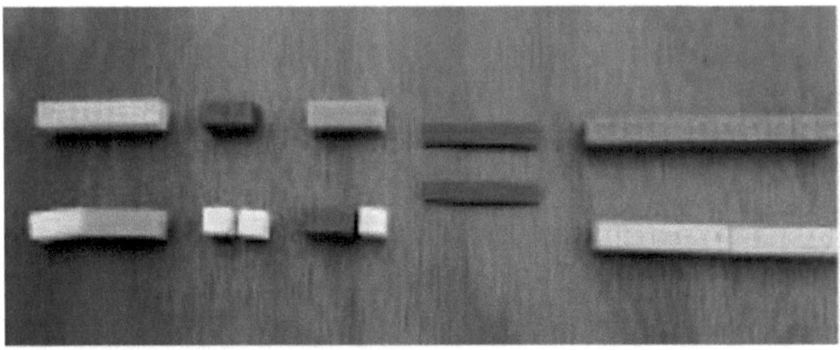

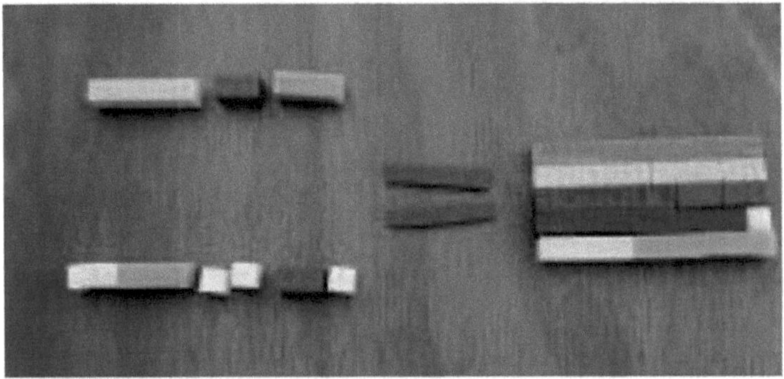

19. Acções que impliquem a remoção de

Para resolver problemas que envolvam a remoção de dois números representados por tiras, colocamos a tira maior em cima e a que temos de remover por baixo, e abordamos o problema da seguinte forma: se tivermos esta tira e removermos o que esta tira mais pequena ocupa, quanto é que nos resta? depois procuramos uma tira que ocupe o mesmo espaço que nos resta e esse será o resultado do problema.

6
2
6
2

20. Descobrir a extensão eléctrica escondida

Podemos jogar para descobrir qual é a régua que corresponde ao espaço vazio e que, quando unida à régua que aparece, dá o resultado que se obtém no final.

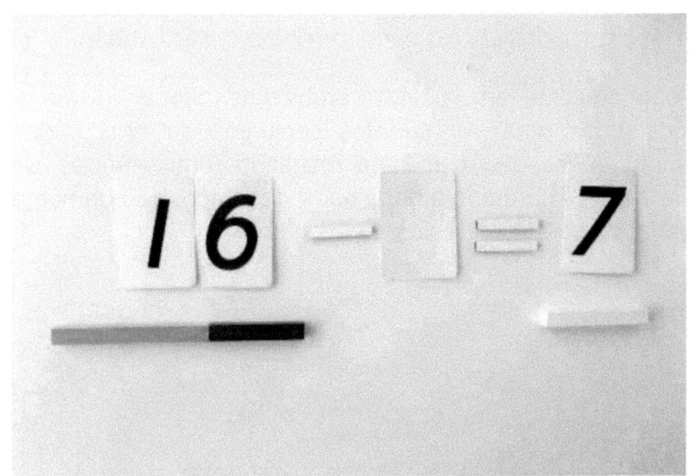
16
7

16
9
7

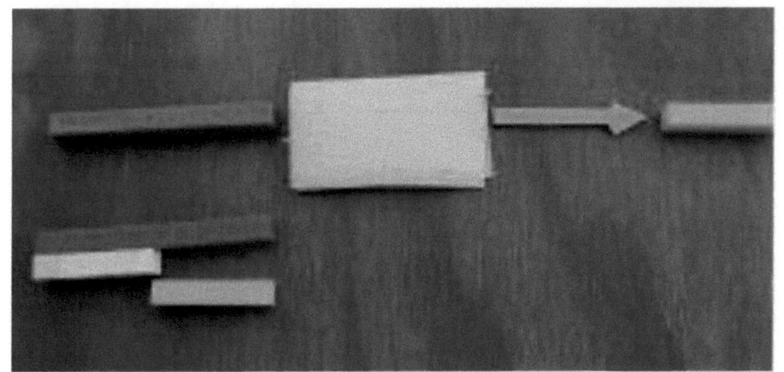

21) Procurar conjuntos com o mesmo resultado

Este jogo consiste em resolver problemas que envolvem tirar, podemos jogar para ver quantos conjuntos de tiras podemos construir que nos dão o mesmo resultado (equivalência), desta forma também estaremos a trabalhar a decomposição de números e números complementares.

22. Os números de 11 a 20

Com as réguas, serão feitas equivalências superiores a 10 e que no máximo atingem o número 20, pois é muito visual que 11 é 10 e 1, 12 é 10 e 2, 13 é 10 e 3... mas uma vez que a criança tenha adquirido esta noção, estas quantidades também podem ser compostas com réguas diferentes, 11 é 8 e 3, 12 é 6 e 6, 13 é 8 e 5.

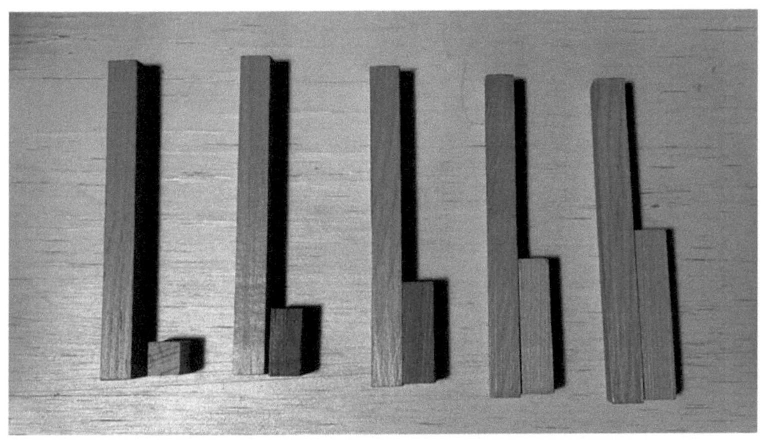

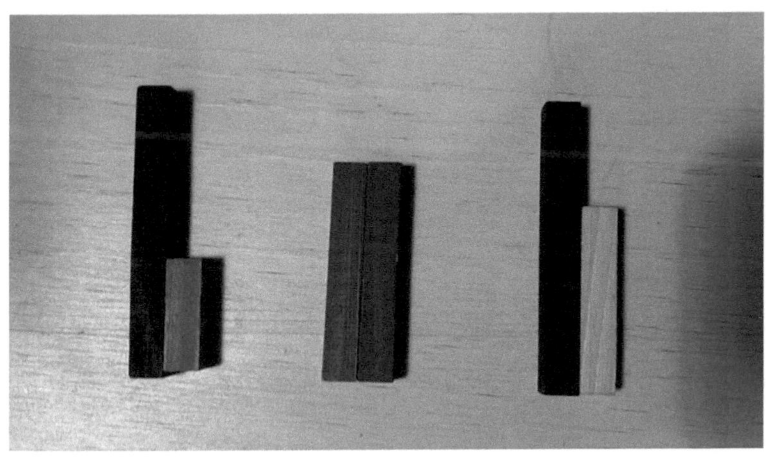

23. resolver problemas matemáticos de adição, subtração e igualação.

* Eu tenho 3 gelados e a minha mãe trouxe-me 4 da loja, quantos gelados tenho no total?

* Se eu tiver 6 paletes, se der 3, quantas paletes me restam?

*A minha mãe deu-me dois aquários, num tenho 2 peixes e no outro 5. De quantos peixes preciso para que os dois aquários tenham a mesma quantidade de peixes?

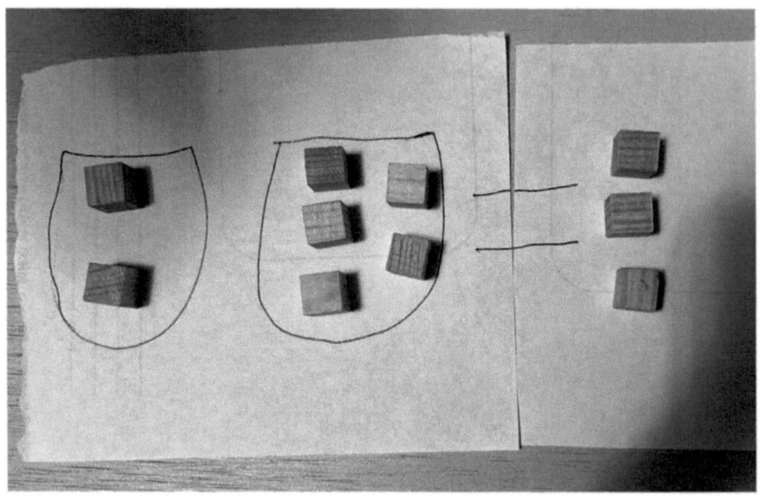

Nota: Nas imagens podem ver-se símbolos como +, -, <, > e =, isto não significa que os devamos ou possamos aplicar no pré-escolar, é apenas uma referência da operação que estamos a realizar, como somar, tirar, igualar, fazer diferenças entre maior e menor quantidade, etc.

CONCLUSÕES

A utilização das Réguas de Cuisenaire tem uma grande variedade de aplicações, uma vez que permite aos alunos do ensino pré-escolar desenvolver o seu pensamento abstrato (a capacidade de mudar, à vontade, de uma situação para outra, de decompor o todo em partes e de analisar simultaneamente diferentes aspectos da mesma realidade) e de construir a sua própria aprendizagem, existem diferentes níveis de desenvolvimento do pensamento lógico matemático nas crianças, Por esta razão, é necessário recorrer a estes materiais para apoiar os alunos a atingir a "zona de desenvolvimento proximal", e creio que se este tipo de actividades é desconhecido ou não tem sido realizado em algumas escolas, é porque não dispõem deste tipo de recursos ou, mesmo que os tenham, não lhes é dado o uso adequado e a intenção educativa que merecem.

Vygotsky definiu as zonas de desenvolvimento proximal como a distância entre "o nível de desenvolvimento real da criança, tal como pode ser determinado a partir da resolução autónoma de problemas, e o nível mais elevado de desenvolvimento potencial, tal como é determinado pela resolução de problemas sob a orientação de um adulto ou em colaboração com colegas mais capazes". (Wertsch, james v.: Vygotsky y la formación social de la mente. editorial Paidós).

Assim, não é impossível trabalhar com réguas no nível pré-escolar a partir do segundo ano, pois sabemos de antemão que as actividades são graduadas de acordo com a idade, caraterísticas e necessidades do grupo, as barreiras mentais podem ter o professor e depende dele se as crianças as têm ou as eliminam.

O trabalho com as réguas Cuisenaire exige também que os professores estejam permanentemente preparados e assumam o papel de coordenadores da aprendizagem dos seus alunos, pois gera uma cultura interessante em que os alunos constroem os seus próprios conceitos e os partilham com os seus pares.

Do meu ponto de vista, trabalhar com as réguas torna o trabalho com a matemática muito mais fácil e divertido, uma vez que os alunos interagem com o material e, ao mesmo tempo, constroem novos conhecimentos.

A aplicação deste material é muito eficaz para qualquer tipo de operação matemática que implique um raciocínio profundo para resolver situações, mas sobretudo onde o aluno possa manipular para ter uma aprendizagem mais significativa, pois trata-se de um material que oferece a oportunidade de desenvolver competências matemáticas a partir do jogo, da manipulação e da experimentação.

REFERÊNCIAS BIBLIOGRÁFICAS

Secretaría de educación pública, (2017), Aprendizajes clave para la educación integral, plan y programas de estudio, orientaciones didácticas y sugerencias de evaluación.

Secretaria de educação pública, (2004) Programa de educação pré-escolar.

Secretaria de educação pública, (2011) Programas de estudo 2011. guía para la educadora.

Fuenlabrada irma, até 100?...não! e as contas?...então também não.... o quê? set. 2009

María Fanny Nava , Luz Marina Rodríguez , Magda Patricia Romero , María Elvira Vargas. Artigo: "Reforço do pensamento numérico através das réguas de Cuisenaire".

Compilação de algumas imagens da Internet.

Índice

Printed by Books on Demand GmbH, Norderstedt / Germany